法国国家附件

# Eurocode 9：铝结构设计

## 第1-1部分：一般规定

NF EN 1999-1-1/NA

[法] 法国标准化协会（AFNOR）

欧洲结构设计标准译审委员会 **组织翻译**

谢 乐 **译**

张 婷 **一审**

刘 宁 **二审**

人民交通出版社股份有限公司

北 京

**图书在版编目(CIP)数据**

法国国家附件 Eurocode 9:铝结构设计. 第 1-1 部分:一般规定 NF EN 1999-1-1/NA / 法国标准化协会(AFNOR)组织编写 ; 谢乐译. — 北京 : 人民交通出版社股份有限公司, 2019. 11

ISBN 978-7-114-16197-1

Ⅰ. ①法… Ⅱ. ①法… ②谢… Ⅲ. ①铝合金—建筑结构—结构设计—建筑规范—法国 Ⅳ. ①TU395

中国版本图书馆 CIP 数据核字(2019)第 295541 号

著作权合同登记号:图字 01-2019-7817

Faguo Guojia Fujian Eurocode 9:Lü Jiegou Sheji Di 1-1 Bufen:Yiban Guiding

**书　　名:法国国家附件　Eurocode 9:铝结构设计　第 1-1 部分:一般规定**
**NF EN 1999-1-1/NA**

**著 作 者:** 法国标准化协会(AFNOR)
**译　　者:** 谢　乐
**责任编辑:** 钱　堃　屈闻聪
**责任校对:** 刘　芹
**责任印制:** 刘高彤
**出版发行:** 人民交通出版社股份有限公司
**地　　址:** (100011)北京市朝阳区安定门外外馆斜街 3 号
**网　　址:** http://www.ccpress.com.cn
**销售电话:** (010)59757973
**总 经 销:** 人民交通出版社股份有限公司发行部
**经　　销:** 各地新华书店
**印　　刷:** 三河市国新印装有限公司
**开　　本:** 880 × 1230　1/16
**印　　张:** 2
**字　　数:** 41 千
**版　　次:** 2019 年 11 月　第 1 版
**印　　次:** 2019 年 11 月　第 1 次印刷
**书　　号:** ISBN 978-7-114-16197-1
**定　　价:** 40.00 元
(有印刷、装订质量问题的图书,由本公司负责调换)

# 出 版 说 明

包括本标准在内的欧洲结构设计标准(Eurocodes)及其英国附件、法国附件和配套设计指南的中文版,是2018年国家出版基金项目"欧洲结构设计标准翻译与比较研究出版工程(一期)"的成果。

在对欧洲结构设计标准及其相关文本组织翻译出版过程中,考虑到标准的特殊性、用户基础和应用程度,我们在力求翻译准确性的基础上,还遵循了一致性和有限性原则。在此,特就有关事项作如下说明:

1. 本标准中文版根据法国标准化协会(AFNOR)提供的法文版进行翻译,仅供参考之用,如有异议,请以原版为准。

2. 中文版的排版规则原则上遵照外文原版。

3. Eurocode(s)是个组合再造词。本标准及相关标准范围内,Eurocodes 特指一系列共10部欧洲标准(EN 1990 ~ EN 1999),旨在为房屋建筑和构筑物及建筑产品的设计提供通用方法;Eurocode 与某一数字连用时,特指 EN 1990 ~ EN 1999 中的某一部,例如,Eurocode 8 指 EN 1998 结构抗震设计。经专家组研究,确定 Eurocode(s)宜翻译为"欧洲结构设计标准",但为了表意明确并兼顾专业技术人员用语习惯,在正文翻译中保留 Eurocode(s)不译。

4. 书中所有的插图、表格、公式的编排以及与正文的对应关系等与外文原版保持一致。

5. 书中所有的条款序号、括号、函数符号、单位等用法,如无明显错误,与外文原版保持一致。

6. 在不影响阅读的情况下书中涉及的插图均使用外文原版插图,仅对图中文字进行必要的翻译和处理;对部分影响使用的外文原版插图进行重绘。

7. 书中涉及的人名、地名、组织机构名称以及参考文献等均保留外文原文。

**特别致谢**

本标准的译审由以下单位和人员完成。中交第一公路勘察设计研究院有限公司的谢乐承担了主译工作,中交第一公路勘察设计研究院有限公司的张婷、刘宁承担了主审工作。他(她)们分别为本标准的翻译工作付出了大量精力。在此谨向上述单位和人员表示感谢!

# 欧洲结构设计标准译审委员会

# 欧洲结构设计标准译审委员会总体组

组　　　　长：余顺新（中交第二公路勘察设计研究院有限公司）
成　　　　员：（按姓氏笔画排序）
王敬烨（中国铁建国际集团有限公司）
车　轶（大连理工大学）
卢树盛［长江岩土工程总公司（武汉）］
吕大刚（哈尔滨工业大学）
任青阳（重庆交通大学）
刘　宁（中交第一公路勘察设计研究院有限公司）
宋　婕（中国建筑标准设计研究院）
李　顺（天津水泥工业设计研究院有限公司）
李亚东（西南交通大学）
李志明（中冶建筑研究总院有限公司）
李雪峰［上海市城市建设设计研究总院（集团）有限公司］
张　寒（中国建筑科学研究院有限公司）
张春华（中交第二公路勘察设计研究院有限公司）
狄　谨（重庆大学）
胡大琳（长安大学）
姚海冬（中国路桥工程有限责任公司）
徐晓明（航天建筑设计研究院有限公司）
郭　伟（中国建筑标准设计研究院）
郭余庆（中国天辰工程有限公司）
黄　侨（东南大学）
谢亚宁（中设设计集团股份有限公司）
秘　　　　书：李　喆（人民交通出版社股份有限公司）
卢俊丽（人民交通出版社股份有限公司）

ISSN 0335-3931

NF EN 1999-1-1/NA
2016 年 7 月 1 日

法国标准

分类索引号:P 22-151/NA

ICS:91.080.10

# 法国国家附件
# Eurocode 9:铝结构设计
# 第 1-1 部分:一般规定
# NF EN 1999-1-1/NA

英文版名称:Eurocode 9—Design of aluminium structures—Part 1-1:General structural rules—National Annex to NF EN 1999-1-1:2007—General structural rules

德文版名称:Eurocode 9—Bemessung und Konstruktion von Aluminiumtragwerken—Teil 1-1:Allgemeine Bemessungsregeln—National Anhang zu NF EN 1999-1-1:2007—Allgemeine Bemessungsregeln

| | |
|---|---|
| **发布** | 法国标准化协会(AFNOR)主席决定,批准实施。 |
| **相关内容** | 本国家附件发布之日,不存在相同主题的欧洲或国际文件。 |
| **提要** | 本国家附件补充了 NF EN 1999-1-1:2007,NF EN 1999-1-1:2007、NF EN 1999-1-1/A1:2010 修订版和 NF EN 1999-1-1/A2:2014 修订版是 EN 1999-1-1:2007 在法国的适用版本。<br>本国家附件定义了 NF EN 1999-1-1:2007 在法国的适用条件,NF EN 1999-1-1:2007 引用了 EN 1999-1-1:2005。 |
| **关键词** | **国际技术术语**:建筑、计算规定、设计规定、金属屋架、铝制品、铝合金、母材的选择、分类、命名、力学特性、截面、计算、材料强度、应力、内力、荷载、抗拉强度、抗弯强度、抗剪强度、抗压强度、屈曲、加劲肋、变形、组装、锚杆、铆钉、焊接组装、焊接、边缘焊接、角度焊接、验算、抗疲劳强度、符号、系数、挠度、Dutheil 方法、拉应力、弯曲应力、剪应力、压应力。 |
| **修订** | |
| **勘误** | |

法国标准化协会(AFNOR)出版发行—地址:11, rue Francis de Pressensé—邮编:93571 La Plaine Saint-Denis
电话:+ 33 (0)1 41 62 80 00—传真:+ 33 (0)1 49 17 90 00 — 网址:www.afnor.org



2016-07-P 出版

## 标　准

标准是经济、科学、技术和社会相关各方的基础。

本质上而言,采用标准是自愿的。合同中有约定时,标准则对签订合同的各方均有约束力。法律可以规定强制实施全部或部分标准。

标准是在考虑了所有利益相关代表方的标准化机构内达成一致意见的文件。标准在被批准前,会被提交给公共咨询机构。

为了评估标准随时间变化的适用性,需要定期审查标准。

任何标准自标准首页所指明的日期起生效。

## 标准的理解

读者需注意以下几点:

使用词语"应"是用来表达某一项或多项规定应被满足。这些规定可以出现在标准的正文中,或在所谓的"标准的"附录中。在试验方法中,使用祈使语气的表述对应此项规定。

使用词语"宜"是用来表示一种可能性,这种可能性被优先考虑,但不是必须按本标准执行的。词语"可"是用于表述一种可行的,但不是强制性的忠告、建议或许可。

此外,本标准可能提供补充信息,旨在使某些内容更易于理解和使用,或阐明这些内容如何被应用,这些信息并不是以定义某项规定的形式给出。这些信息以附注或附录的方式提供。

## 标准化委员会

标准化委员会具备相关的专业知识,在指定的领域内工作,为提出相关的法国标准做准备工作,并可确立法国在欧洲和国际相关标准草案方面的突出地位。本委员会也可能在试验标准和技术报告方面做相关的准备工作。

如果读者想对本文件反馈任何意见,提供建议性变动或欲参与本标准的修订,请发邮件至"norminfo@ afnor. org"。

如果编制委员会的专家所属机构不是其常属机构,则以下表中的信息为准。

# 铝结构设计分委员会　BNCM CN C. ALU

标准化委员会

**主席**:MBELIN　　先生

**秘书**:LEMAIRE　　女士　　BNCM

**委员**:(按姓氏、先生/女士、单位列出)

| | | |
|---|---|---|
| ALGRANTI | 女士 | CTICM |
| BARTERA | 女士 | VP&GREEN |
| BATOUL | 先生 | SCHUCO |
| BELIN | 先生 | PORALU MARINE |
| CAILLEAU | 先生 | AFNOR |
| CONTRAND | 先生 | LES METALLIERS CORREZIENS |
| DIGNITO | 先生 | IDES |
| FORTIER | 先生 | HYDRO BUILDING SYSTEM FRANCE |
| HOSTALERY | 先生 | BUREAU VERITAS |
| IZAEL | 先生 | ENVELOPPE METALLIQUE DU BÂTIMENT |
| KRIEGER | 先生 | LOSBERGER FRANCE |
| LARUE | 先生 | RBS |
| LEMAIRE | 女士 | BNCM/CTICM |
| LOPPIN | 先生 | SNFA |
| LUKIC | 先生 | CTICM |
| MARION | 先生 | AIA INGENIERIE |
| MARMORET | 先生 | CAPEB |
| MONTEL | 先生 | SARL IDEAL |
| PALISSON | 女士 | ENVELOPPE METALLIQUE DU BÂTIMENT |
| POTRON | 先生 | CAPEB |
| POULICHET | 先生 | PERMASTEELISA FRANCE SAS |
| RAVONINAHIDRAIBE | 女士 | CTICM |
| ROBERT | 先生 | CEREMA |
| VIGNERON | 先生 | ARMORIQUE ETUDES |

# 目　次

# 前言

(1)本国家附件确定了 NF EN 1999-1-1:2007 在法国的适用条件。

(2)本国家附件由铝结构设计分委员会( BNCM CN C. ALU)进行编制。

(3)本国家附件为 EN 1999-1-1 的下列条款提供国家定义参数(NDP)并允许各国自行选择参数信息:

—1.1.2(1)

—2.1.2(3)

—2.2.1(1)

—3.2.1(1)

—3.2.2(1)

—3.2.2(2)

—3.2.3.1(1)

—3.2.2.1(3)

—3.3.2.2(1)

—5.2.1(3)

—5.3.2(3)

—5.3.4(3)

—6.1.3(1)

—6.2.1(5)

—7.1(4)

—7.2.1(1)

—7.2.2(1)

—7.2.3(1)

—8.1.1(2)

—8.9(3)

—A(6)(表 A. 1)

—C.3.4.1(2)

—C. 3. 4. 1(3)

—C. 3. 4. 1(4)

—K. 1(1)

—K. 3(1)

(4)引用条款为 NF EN 1999-1-1 中的条款。

(5)本国家附件与 NF EN 1999-1-1 配合使用。

(6)如果 NF EN 1999-1-1 适用于公共或私人工程合同,则本国家附件亦适用。

(7)对于本国家附件中所考虑的项目使用年限,请参照 NF EN 1990 及其国家附件中给出的定义。该使用年限在任何情况下不能与法律和条例所界定的关于责任和质保的期限相混淆。

(8)为明确起见,本国家附件给出了国家定义参数范围。本国家附件的其余部分是对欧洲标准在法国的应用进行的非矛盾性补充。

(9)对于铝结构欧洲标准在法国适用的建议,包括非矛盾性补充信息,可查阅钢结构标准化局的网址(www. bncm. fr)。

# 国家附件
(规范性)

## AN 1 欧洲标准条款在法国的应用

**注**:条款的编号与 NF EN 199-1-1:2007 的编号一致,内容包含 NF EN 1999/A1:2010 和 NF EN 1999/A2:2014 修订版。

### 条款 1.1.1

除非在 NF DTU 中,或特定的行业标准或合同中的专业文件有相反的规定,否则,Eurocode 9 系列的 NF EN 1999 适用于所有铝结构,特别是可用于以下结构物骨架或构造物的组成部分:

—永久建筑或临时建筑;
—建筑屋顶;
—建筑立面;
—阳台、楼梯、固定或临时护栏;
—人行天桥和入口,入口斜坡;
—信号装置结构;
—舞台结构;
—站台、浮桥、固定或浮动的设备;
—温室;
—游泳池棚;
—直升机小型停车场;
—工业建筑;
—净化站。

## 条款 1.1.2(1)

采用推荐值。

## 条款 2.1.2(3)

本国家附件未对选项的细则做出专业规定。

**注**:施工等级可基于按构件的系列类别来确定,例如可根据 CNC2M[1] 的《根据 NF EN 1090-2 施工等级选择的建议》(《Recommandations pour le choix des classes d'exécution selon la NF EN 1090-2》)做出选择。这些建议起初是针对钢结构而编写的,建议对于铝结构设计也具同等效力。

## 条款 2.3.1(1)

本国家附件对铝结构设计中的特殊作用力不做定义。

## 条款 3.2.1(1)

本国家附件对其他合金或冶金产品不做特别信息定义。

## 条款 3.2.2(1)

本国家附件未对此条款做出特殊规定。采用推荐等级。

## 条款 3.2.2(2)

采用推荐程序。

## 条款 3.2.3.1(1)

本国家附件未对模塑零件的制造标准的定义做出特殊规定。宜按照 NF EN 1999-1-1:2007 附录 C 的各项规定进行设计。

**条款 3.3.2.1(3)**

国家附件未对铝制螺栓的使用做出特殊规定。宜采用 NF EN 1999-1-1:2007 附录 C 中表格 3.4 给出的螺栓使用建议。

**条款 3.3.2.2(1)**

本国家附件未对预加载时是否允许使用不符合 NF EN 1999-1-1 规定的螺栓做出特殊规定。

**条款 5.2.1(3)**

本国家附件未给出各种 $\alpha_{cr}$ 的限度标准。推荐值是适用的。

**条款 5.3.2b(3)**

采用推荐值。

**条款 5.3.4(3)**

采用推荐值。

**条款 6.1.3(1)**

采用推荐值。

**条款 6.2.1(5)**

采用推荐值。

**条款 7.1(4)**

本国家附件规定了一般构造物结构部件的垂直挠度、水平位移的最大建议限值:参考 7.2.1(1) 和 7.2.2(1)。

**注 1**:对于特殊构造物,宜参考 NF DTU、相关专业标准或规范,例如:

—行车道:参见 NF EN 1993-6/NA[2];

—塔架:参见 NF EN 1993-3-1[3];

—玻璃结构:参见 2013 年 9 月版专业建议[4];

—幕墙和幕墙支撑:参见 NF EN 13830[5]和 NF DTU 33.1[6];

—加肋钢板或盖板:参见相关的 NF DTU;

—薄钢板和挡板圆钢:参见挡板专业建议[7];

—轻型隔断构件:参见 NF DTU 35-1[8];

—脚手架:参见 NF EN 12810[9]和 NF EN 12811[10];

—舞台构件支撑:参见 NF EN 1176[11];

—信号门架:参见 XP P 98-550-1[12];

—太阳能发电板支撑结构:参见光伏工艺技术意见。

**注 2**:如果对某些结构类型,例如金属-纺织纤维结构或相似结构,缺少确定位移限值的 NF DTU、相关专业标准或规范,应根据项目的具体特性确定竖向挠度和水平位移的限值。

## 条款 7.2.1(1) 竖向挠度

下文中给出的建议限值用来与计算结果进行比较,不能被解释为性能标准。宜将这些值与通过特性应力组合中计算的值进行比较。

在简支梁情况下,下文中挠度限值的相关符号可在图 1 中找到。

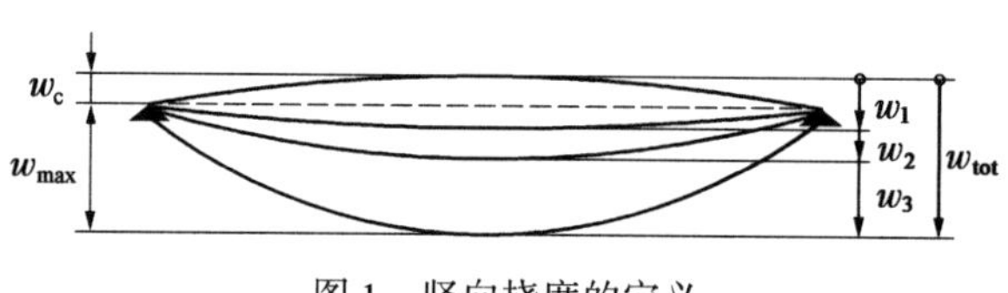


图 1　竖向挠度的定义

图中:

$w_c$——未加荷载的结构构件中的反向挠度;

$w_1$——式(6.14a)和式(6.16b)对应的作用组合中恒定荷载下的挠度初始部分;

$w_2$——在恒定荷载作用下,挠度的长期部分(不是本国家附件所讨论的内容);

$w_3$——式(6.14a)~式(6.16b)对应的作用组合中可变作用的挠度附加部分;

$w_{tot}$——总挠度,即 $w_{tot} = w_1 + w_2 + w_3$;

$w_{max}$——考虑反向挠度的总挠度值,即 $w_{max} = w_{tot} - w_c$。

表 1　竖向挠度的建议最大限值

| 条　件 | 限值(参见图 1)[a] | |
|---|---|---|
| | $w_{max}$ | $w_3$ |
| 所有一般房屋的屋顶 | $L/200$ | $L/250$ |
| 农用房屋或相似房屋的屋顶 | $L/150$ | $L/200$ |
| 除维护人员外,支持人员使用的屋顶,以及公众可进入的屋顶 | $L/200$ | $L/300$ |
| 一般楼板[b] | $L/200$ | $L/300$ |
| 支撑石膏隔离板或其他易碎或硬性原材料制成的隔离板[b] | $L/250$ | $L/350$ |
| 支撑柱的楼板(除非在极限状态下的整体分析中已考虑挠度)[b] | $L/400$ | $L/500$ |
| 斜坡和入口天桥,固定浮桥 | $L/200$ | $L/300$ |
| 浮动结构 | $L/150$ | $L/200$ |
| 楼梯纵梁 | $L/250$ | $L/350$ |
| 管道支撑:<br>—横梁<br>—支撑梁或机架纵梁 | <br>$L/200$<br>$L/300$ | |

**注:**[a]对于吊顶梁,长度 $L$ 等于悬臂梁长度的 2 倍:

$$L = 2 \times L_0$$

[b]如果使用某些机械,则适用条件可能会要求更弱的挠度,可能比一般情况规定的更弱;因此在合同细则中需要详细说明这些限值。

## 防止积水的措施

a)当屋顶的坡度较小时(低于 5%),项目应采取一些措施确保积水的正确排放。为确定必要的措施,宜考虑可能的建筑误差和基础沉降、屋顶构件的挠度、结构构件的挠度,以及反向挠度的影响。这些措施同样适用于户外停车场的顶棚。

b)如果排水口设置恰当,梁的反向挠度可能会降低雨水洼地形成的可能性。

c)当屋顶有防水层和节点支撑件时,不管有无缓坡(坡度 <3%),在以下情况下宜验算屋顶在水的重量下无坍塌风险:

—结构元件或屋顶构件的挠度可能形成的雨水洼地;

—积雪造成的积水(参考 NF EN 1991-1-3[13])。

## 条款 7.2.2(1) 水平位移

下文(表 2.a 和表 2.b)给出的建议限值用于与计算结果进行比较,不能理解成性能准则。宜将建议限值与根据特征组合计算得出的值进行比较。

在简单门架的情况下,下文中标出的水平位移限值的注释可在图 2 中找到。

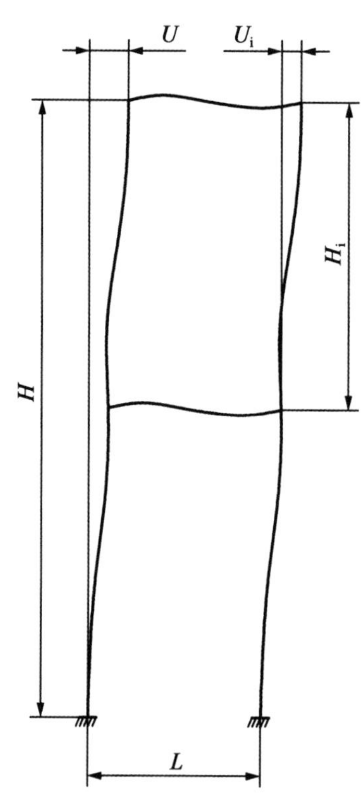


图注:$U$-建筑物高度 $H$ 下的总水平位移

$U_i$-楼层高度 $H_i$ 下的水平位移

图 2　水平位移的定义

**表 2.a　结构特殊构件水平位移的最大建议限值**

| 条　件 | 限　值　$w_{max}$ |
|---|---|
| 金属挡板支撑构件 (窗洞框除外)<br>—扶手<br>—梯脚 | <br>$L_i/150$<br>$H_i/150$ |
| 管道支撑 | $H/200$ 或 $L/200$ |
| 筒仓、储蓄池的横向或竖向加强肋 | $H/200$ 或 $L/200$ |

**表 2.b　建筑主要结构水平位移的最大建议限值**

| 条　件 | 限值(参见图 2) $U_{max}$ |
|---|---|
| 单层工业建筑,无桥式起重机,带有非易碎壁:<br>—梁的端部位移<br>—两个连续梁的端部位移差值 | <br>$H/150$<br>$H/150$ |
| 其他单层建筑,无桥式起重机:<br>—梁的头部位移<br>—两个连续梁的端部位移差值 | <br>$H_i/250$<br>$L_i/200$ |
| 多层工业建筑,无桥式起重机,带有非易碎壁:<br>—每个楼层之间<br>—对于整体的结构<br>如果 $H \leq 30m$<br>如果 $H > 30m$ | <br>$H_i/200$<br><br>$H/200$<br>$H/300$ |
| 其他多层建筑,无桥式起重机,带有非易碎壁:<br>—每个楼层之间<br>—对于整体的结构<br>如果 $H \leq 10m$<br>如果 $10m < H \leq 30m$<br>如果 $H > 30m$ | <br>$H_i/300$<br><br>$H/300$<br>$H/(200+10H)$<br>$H/500$ |
| 1~4 桥式起重机组移动轨道的支撑结构 | $H_i/180$(有风的情况) |
| 5 和 6 桥式起重机组移动轨道的支撑结构 | $H_i/180$(有风的情况)<br>$H_i/360$(无风的情况) |

## 条款 7.2.3(1)

如果合同文件中无特殊规定,宜考虑振动现象。

**注**:验证方法可见如下文件:

—刚性支撑上的天桥和斜坡、通行搭板:参考 SETRA 指南[14]。

—对于居住房屋、办公室、健身房或舞厅的使用楼板:请参考 NF EN 1993-1-1/NA:2013[15]的 7.2.3.1。

—对于建筑的楼板:请参考 JRC 指南-EUR 24084[16]。

对于那些临时安置设施、农业或海洋产业使用的设备,没有对振动的相关要求。

## 条款 8.1.1(2)

为了计算桁架梁中空部分的连接抗力,如果无数据或试验验证,宜用 NF EN 1993-1-8:2005[17]中的计算准则(第 7 条),并使用下列数值:

—用 $f_{o,haz}$ 替代 $f_y$;

—$\gamma_{M5}$ 的值取 1.10。

## 条款 8.5.9.5

作为 NF EN 1999-1-1:2007 中表 8.6 的补充,对于其他材料的接触面,可使用表 3 中的数值以确定摩擦系数,从而通过重力或预应力作用,降低或重新获取两种材料接触时的剪切应力。

在没有试验的情况下,需要考虑表 3 推荐的最小值。

**表 3 各种材料的摩擦系数值**

| 原料组合 | 系数 $\mu$[a](干燥,静态) | 备注 |
|---|---|---|
| 铝-铝 | 0.27 ~ 0.40 | 参考 EN 1999-1-1:2007 的 8.5.9.5 |
| 铝-不锈钢 | 0.40 | |
| 铝-木材 | 0.40 | |
| 铝-混凝土 | 0.40 | |
| 铝-EPDM | 0.70 | |
| 铝-玻璃 | 0.50 | 金属/玻璃的系数 |
| 铝-石墨 | 0.10 | 石墨脂(滑动支撑) |

**注:**[a] 除非有相反的指标,否则这里的摩擦系数 $\mu$ 是指在洁净干燥的接触面情况下的系数。

建议宜参考 NF EN 1090-3[18]以确定扭紧力矩。

## 条款 8.9(3)

对于使用自攻螺钉和自动钻头进行组装的相关验算,宜参考 NF EN 1993-1-3[19]。

对于其他组装方式,本附件没有给出专门指示。

## 条款 A(6)表 A.1

对于 NF EN 1991-1-1:2007 中表 1 的应用,建议根据结构构件种类确定的后果类别选择施工等级。

**注:**结构构件可按照族类进行划分,如 CNC2M[1]的表 3 建议的《根据 NF EN 1090-2 选择施工级别的建议》(Recommandations pour le choix des classes d'exécution selon la NF EN 1090-2)。

## 条款 C.3.4.1(2)

采用推荐值。

**条款 C.3.4.1(3)**

采用推荐值。

**条款 C.3.4.1(4)**

采用推荐值。

**条款 D 3.2(4)**

本国家附件附录 A 列出了维护阶段腐蚀防护的决策支持表。

**条款 K1(1)**

采用推荐值。

**条款 K3(1)**

采用推荐值。

国家附件未对弹性效应-剪切牵引塑性给出专门的建议。

## AN 2 NF EN 1999-1-1 资料性附录在法国的应用

NF EN 1999-1-1:2007 的附录 C ~ M 起资料性作用。

# 附录 A

## (资料性)

## 维修阶段腐蚀防护的决策支持

在对铝腐蚀的建议进行修正时,根据环境的侵蚀性和损害程度,构造物使用者,构造物遭受的风险,以及部分或全部可视性的风险,下文编制了几个表格来确定当出现腐蚀点时采取的措施类型。

**表 A.1　腐蚀的 EX 指数取决于环境和合金的强度**

| 合金耐久性类别 | 构件的厚度[mm] | 暴露在大气环境中 | | | | | | 暴露在海洋环境中 | |
|---|---|---|---|---|---|---|---|---|---|
| | | 乡村[a](弱) | 工业/城市 | | 海洋和海岸 | | | 淡水 | 海水 |
| | | | 中等 | 重度 | 较弱 | 中等 | 重度 | | |
| A | | 0 | 0 | 4 | 0 | 0 | 6 | 0 | 4 |
| B | <3 | 0 | 2 | 6 | 2 | 4 | 6 | 4 | 6 |
| | ≥3 | 0 | 0 | 6 | 0 | 4 | 6 | 2 | 6 |
| C | 所有 | 0 | 4 | 6 | 4 | 4 | 6 | 4 | 8 |

**注:**[a] 是指正常大气环境下(对铝制品腐蚀小)或任何腐蚀性较小的大气环境下。

**表 A.2　构造物容量的风险 RC 指数**

| 构造物失效的后果 | RC 指数 |
|---|---|
| 构造物运行正常无事故 | 0 |
| 功能略微降低 | 1 |
| 构造物丧失功能 | 2 |
| 对周边其他人或物造成危险 | 3 |

**表 A.3　构造物检查的概率 PI 指数**

| 检查概率 | PI 指数 |
|---|---|
| 可能的常态检查和各处检查 | 0 |
| 部分可能的检查 | 2 |
| 无检查可能性 | 4 |

表 A.4　出现腐蚀现象时协助采取防腐措施的终表

| 腐蚀风险指数 $K = EXP + RC + PI$ | 可能采取的措施 |
| --- | --- |
| 0 ~ 5 | 无必要措施 |
| 6 ~ 9 | 需要论证处理的必要性 |
| 10 ~ 12 | 即将实施的防腐蚀措施 |
| >12 | 紧急实施的防腐蚀措施 |

# 参考文献

[1] Recommandations de la CNC2M-*Recommandations pour la détermination des classes d' exécution selon l' EN 1090-2 pour les structures en acier de bâtiment*-BNCM/CNC2M-N0169 (Janvier 2015)-site《bncm. fr》.

[2] NF EN 1993-6/NA, *Eurocode 3 : Calcul des structures en acier-Partie 6 : Chemins de roulement-Annexe Nationale à la NF EN 1993-6 :2007-Chemins de roulement.*

[3] NF EN 1993-3-1, *Eurocode 3-Calcul des structures en acier-Partie 3-1 : Tours, mâts et cheminées-Pylônes et mâts haubanés*[Tirage 3 (2010-10-01)].

[4] Recommandations professionnelles《RAGE 2012》-《*Verrières-Neuf et rénovation*》(Septembre 2013).

[5] NF EN 13830, *Façades rideaux-Norme de produit.*

[6] NF DTU 33. 1, *Travaux de bâtiment-Façades rideaux.*

[7] Recommandations professionnelles《RAGE 2012》-《*Bardages en acier protégé et en acier inoxydable-Conception et mise en oeuvre-Neuf et rénovation*》(Juillet 2014).

[8] NF DTU 35-1, *Travaux de bâtiment-Cloisons démontables.*

[9] NF EN 12810, *Échafaudages de façade à composants préfabriqués.*

[10] NF EN 12811, *Équipements temporaires de chantiers.*

[11] NF EN 1176, *Équipements et sols d' aires de jeux.*

[12] XP P98-550-1, *Signalisation routière verticale-Portiques, potences et hauts mats-Partie 1 : Spécifications de calcul, mise en oeuvre, contrôle, maintenance, surveillance.*

[13] NF EN 1991-1-3, *Eurocode 1-Actions sur les structures-Partie 1-3 : Actions générales-Charges de neige* [Tirage 2 (2009-10-01)].

[14] Guide méthodologique du SETRA《*Passerelles piétonnes, Evaluation du comportement vibratoire sous l' action des piétons*》-SETRA réf. 0611 (Mars 2006)-site《cerema. fr》.

[15] NF EN 1993-1-1/NA:2013, *Eurocode 3-Calcul des structures en acier-Annexe Nationale à la NF EN 1993-1-1 : 2005-Partie 1-1 : Règles générales et règles pour les bâtiments.*

[16] Design of floor structures for human induced vibrations-JRC-EUR 24084 EN-

2009-site《europa. eu》.

[17] NF EN 1993-1-8 :2005, *Eurocode 3-Calcul des structures en acier-Partie 1-8*: *Calcul des assemblages* [Tirage 4 (2010-11-01)].

[18] NF EN 1090-3, *Exécution des structures en acier et des structures en aluminium-Partie 3*: *Exigences techniques pour l'exécution des structures en aluminium.*

[19] NF EN 1993-1-3, *Eurocode 3-Calcul des structures en acier-Partie 1-3*: *Règles générales-Règles supplémentaires pour les profilés et plaques formés à froid* [Tirage 2 (2013-02-01)].